Alfred Binet

Le Problème de l'audition colorée

Science

ISBN : 978-1721185535

10 9 8 7 6 5 4 3 2 1

Alfred Binet

Le Problème de l'audition colorée

Science

Table de Matières

Section I

On s'est beaucoup occupé de l'audition colorée dans ces derniers temps ; la question a été traitée à plusieurs reprises dans les journaux quotidiens et dans les revues de littérature et de science ; elle a fait l'objet de thèses médicales, de mémoires et de traités didactiques ; elle a figuré dans la poésie, dans le roman, et même, fait plus extraordinaire, au théâtre ; elle a donné lieu à plusieurs enquêtes, dont la dernière se termine en ce moment à Genève ; les physiologistes s'en sont préoccupés, et ils ont fait quelques expériences de laboratoire.

Malgré tant de recherches, la question reste mal connue et surtout mal comprise ; il semble qu'on l'a surtout étudiée par le dehors ; on a noté avec un soin scrupuleux les détails de couleur et de son qui se rencontrent le plus souvent dans l'audition colorée, on n'a pas dit ce que c'est que cette audition colorée, on n'a pas rendu le phénomène intelligible pour ceux qui ne le connaissent que d'une manière indirecte, par le témoignage d'autrui. Nous n'espérons pas que nous serons beaucoup plus heureux que nos devanciers ; seulement nous porterons notre attention sur les lacunes de leurs études, et nous chercherons principalement à décrire, dans l'audition colorée, un état mental. Indiquons d'abord, pour avoir une vue d'ensemble sur ces questions, les circonstances où une personne s'aperçoit pour la première fois qu'elle a, comme on dit, la faculté de colorer les sons.

Un jour, par hasard, dans une conversation sur les couleurs, les perceptions de couleur ou les illusions colorées, une des personnes présentes, croyant exprimer un sentiment général, fait l'observation que certains mots ont des nuances bizarres. Une jeune fille, par exemple, me demande brusquement : « Pourquoi donc la lettre *i* est-elle rouge ? » Je me rappelle une dame qui, dans une autre circonstance, pendant que l'on parlait de la couleur bleue d'une fleur, fit cette remarque : « Elle est aussi bleue que le nom de Jules. » Et voyant qu'on s'étonnait de cette comparaison, elle ajouta un peu naïvement : « Vous savez pourtant bien que le mot Jules est bleu. » Naturellement, personne ne s'en était douté.

Pedrono, un médecin qui a publié un cas très intéressant

d'audition colorée, raconte avec agrément comment un jeune professeur de rhétorique qui présentait ce phénomène en fit la découverte à ses amis. Des jeunes gens étaient réunis et devisaient gaîment ; ils répétaient à tort et à travers, à propos de tout, une plaisanterie vraiment insipide ; c'était une comparaison trouvée dans un roman : a beau comme un chien jaune ! » Comme l'un d'eux qualifiait de la sorte la voix d'un ami, la personne en question protesta ; elle dit d'un ton sérieux : « Sa voix n'est pas jaune, elle est rouge ! » Cette affirmation souleva un joyeux éclat de rire ; on interrogea la personne, qui exposa ses impressions ; on se mit à chanter, chacun voulait savoir la couleur de sa voix.

Ceux qui entendent parler pour la première fois de ces perceptions éprouvent un grand étonnement ; ils ne peuvent s'en faire aucune idée nette ; le rapprochement d'un son avec une couleur leur paraît être complètement dépourvu de tout caractère intelligible. Meyerbeer a dit quelque part que certains accords de la musique de Weber sont pourpres. Quelle signification donner à cette phrase ? Chacun de ses mots, pris individuellement, a un sens ; on sait ce que c'est qu'un accord ; on connaît la couleur pourpre ; mais la réunion de ces deux expressions par un verbe : « tel accord est pourpre » ne se comprend pas. Autant dire que la vertu est bleue et que le vice est jaune. On se demande si la construction de pareilles phrases ne résulte point d'une tricherie faite avec des mots, que l'on réunit en des associations purement mécaniques, et qui ne correspondent à aucune association réelle de pensées.

Ainsi, pour l'immense majorité des personnes, l'audition colorée est une énigme ; c'est une des raisons pour lesquelles on a longtemps refusé d'y croire, et traité d'originaux ceux qui s'en occupent ; scepticisme d'autant mieux justifié qu'il s'agit d'un état subjectif, dont il faut admettre l'existence sur la simple parole de celui qui l'éprouve.

Nous ne savons pas si nous parviendrons à faire comprendre la vraie nature de ce phénomène, et si nous aiderons ceux qui ne l'éprouvent pas à se le représenter ; mais nous espérons fermement démontrer que c'est un phénomène réel. La simulation, à ce qu'il nous semble, a généralement un caractère individuel. C'est l'œuvre d'un seul et non de plusieurs ; elle ne donne pas lieu à des effets d'ensemble, qui se répètent d'une génération à l'autre, et dans des pays différents. Il faut surtout prendre en considération le nombre des personnes qui affirment qu'elles ont l'audition colorée ; d'après Bleuler et Lehmann, il y en aurait 12 pour 100 ; M. Claparède, distingué psychologue de l'Université de Genève, qui fait en ce moment même une enquête sur la question, nous écrit que sur 470 personnes qui ont répondu à son questionnaire, 205 ont l'audition colorée, soit 43 pour 100. Cette proportion, bien entendu, ne doit pas être prise à la lettre, car l'immense majorité des individus qui n'éprouvent point le phénomène ne répond point aux questionnaires pour plusieurs motifs, dont le principal est un certain dédain à l'égard des études qu'ils ne comprennent pas. Il n'en est pas moins vrai que M. Claparède a recueilli, sans grand effort, 205 observations, et que ce nombre, ajouté à celui des observations anciennes, donne un total de près de 500 cas. Voilà un amas de documents qui est bien fait pour inspirer quelque confiance. Il faut dire encore que chacun des auteurs qui ont écrit sur la question possède le plus souvent par devers lui l'observation de quelque ami dans lequel il a une entière confiance, de sorte que la résistance à tant de preuves accumulées n'est plus de la sagesse, ni même du scepticisme, c'est de la naïveté.

Nous admettrons donc comme un fait bien réel que quelques personnes éprouvent, à l'audition de certains sons, des impressions de couleur dont la nature varie avec celle du son et l'individualité du sujet.

Le premier auteur qui a signalé ces couleurs produites par des sons est un médecin albinos d'Erlangen, appelé Sachs ; sa publication date de 1812, et forme sa thèse inaugurale de médecine ; ce qu'il décrit, ce sont ses propres impressions et celles de sa sœur. L'observation est très complète et contient déjà une bonne part des détails que l'on retrouve dans les travaux postérieurs.

Le récit de ses impressions était bien fait pour surprendre ceux qui ne les éprouvent pas personnellement ; cependant la thèse inaugurale dans laquelle Sachs raconte son histoire psychologique ne fut guère remarquée ; il mourut jeune, à vingt-huit ans, et ses recherches tombèrent dans l'oubli.

Pendant les années suivantes, des médecins et surtout des oculistes, tels que Cornaz, de Genève, publièrent des observations isolées ; la description fut recommencée un grand nombre de fois sous des noms absolument différents, les auteurs n'ayant pas pu se mettre au courant de l'historique. En 1873, parurent les importantes observations de Nussbaumer ; c'étaient deux frères, dont l'un était étudiant à Vienne et l'autre horloger ; tous deux éprouvaient depuis leur jeune âge des sensations colorées, quand ils entendaient certains sons. Dans leur enfance, ils attachaient des cuillères et des couteaux au bout de ficelles, et les balançaient pour les faire sonner ; ils désignaient par une couleur le bruit produit et se communiquaient leurs impressions ; mais souvent ils n'étaient pas d'accord sur la couleur des sons, ce qui amenait de longues disputes, auxquelles leurs frères, sœurs et amis ne comprenaient absolument rien. L'étudiant publia plus tard, sous la direction du professeur Brühl, une étude détaillée sur son cas et celui de son frère.

Six ans après, en 1879, Bleuler et Lehmann écrivirent leur étude ; c'est la plus complète que l'on possède. Les deux auteurs étudiaient la médecine à l'université de Zurich. Bleuler raconte comment lui vint l'idée de ce travail. On causait de chimie. Interrogé sur l'aspect des kétones, Bleuler répondit : « Les kétones sont jaunes, parce qu'il y a un *o* dans le mot. » Ainsi, par une curieuse illusion, il attribuait les couleurs suggérées par un nom d'objet à cet objet lui-même. Son ami Lehmann, très étonné et ne comprenant rien à la réponse, lui en demanda l'explication ; ce qu'il entendit piqua vivement sa curiosité, et tous les deux se mirent alors à faire des recherches sur leurs parents et sur leurs amis. Ils publièrent la relation de plus de soixante cas.

A partir de cette époque, l'élan est donné, les publications se multiplient ; nous arrivons à la période contemporaine, qui se caractérise par des recherches dirigées dans tous les sens. Il paraît aujourd'hui bien établi que l'audition colorée appartient à une famille de phénomènes similaires, qui tantôt se trouvent groupés chez un même individu, tantôt se dispersent ; l'audition colorée est toujours restée le phénomène le plus fréquent, le mieux étudié, c'est le seul dont nous ayons l'intention de parler ; il faut cependant dire un mot des autres formes ; elles diffèrent principalement par la nature des impressions qui sont associées ensemble, et qui se servent réciproquement d'excitant. Ainsi, il y a des individus chez lesquels ce ne sont pas les sons, mais bien les sensations de goût et d'odeur qui provoquent des impressions lumineuses ; c'est ce qu'on appelle la gustation et l'olfaction colorées. Chez d'autres, des phénomènes psychiques, comme des souvenirs ou des notions abstraites, produisent le même effet ; tel individu reconnaît des couleurs aux mois, aux jours de la semaine, ou aux heures de la journée. Chez d'autres encore, l'impression associée n'est point visuelle, mais appartient à un sens aidèrent ; elle peut être sonore ; à certaines personnes, la vue des couleurs donne une impression musicale ; elle peut être tactile aussi, et alors les sensations de la vue ou de l'ouïe s'accompagnent de sensations mécaniques. En un mot, toutes les combinaisons que l'imagination peut prévoir entre les différentes sensations se trouvent réalisées.

Voici les principaux traits, les plus généraux et les plus constants, que l'audition colorée présente. En général, les impressions de couleur sont provoquées presque exclusivement par la parole : les sons et les bruits de la nature ne produisent le même effet que par une sorte d'analogie avec la voix humaine. La parole ne donne à celui qui l'écoute une impression de couleur que dans sa pleine émission ; un murmure n'a pas le même effet que la voix chantée ou une lecture on public, la hauteur de la voix influe sur les nuances ; les voix de baryton et de basse éveillent des sensations foncées, et les voix aiguës des sensations claires. En examinant de plus près la source du phénomène, on constate que la couleur, quoiqu'elle puisse emprunter une teinte générale au timbre de la voix, et par conséquent à l'individualité de la personne, dépend plus particulièrement des mots qui sont prononcés ; chaque mot a sa couleur propre, disons plutôt ses couleurs, car certains mots en ont cinq ou six ; en poussant plus loin l'analyse, on s'aperçoit que la couleur des mots dépend de celle des lettres composantes, et que c'est par conséquent l'alphabet qui est coloré ; enfin, une dernière observation, c'est que les consonnes n'ont que des teintes pâles et effacées, et que la coloration du langage dérive directement des voyelles. A quelques exceptions près, ceci est la vérité pour tous les sujets.

Il est curieux de voir que, par suite d'une complication produite par l'éducation, l'apparition des couleurs se fait chez certaines personnes non-seulement quand elles entendent le mot prononcé, ou qu'elles y pensent, mais encore quand elles le voient écrit. Il y a même des personnes qui ne perçoivent la couleur que pendant une lecture. Cependant beaucoup de faits semblent démontrer qu'en général la lecture n'a d'efficacité que parce qu'elle est un rappel de la voix parlée, et constitue par conséquent une sorte d'audition.

Il est facile d'en faire sur soi-même la remarque ; soyons attentifs à ce qui se passe en nous lorsque nous parcourons un livre avec les yeux ; à mesure que nous voyons la silhouette des mots imprimés en noir sur le papier, nous entendons, comme au fond de nous-mêmes, une voix intérieure qui les prononce ; lire, c'est écouter une personne invisible qui nous parle à voix basse. Nous sommes donc ramenés ainsi à l'audition, qui paraît être dans la plupart des cas, et à part quelques nuances individuelles négligeables, la cause initiale de l'impression de couleur.

Parlons maintenant de ces impressions de couleur qui se trouvent attachées aux voyelles. Quelle est la coloration des voyelles ? C'est ici que la question se complique. Pour toute la description que nous venons de faire, les observations sont à peu près d'accord ; pour le détail des nuances, on ne rencontre que des variétés nombreuses et sans règle : l'a, qui est rouge pour l'un, est noir pour l'autre, blanc pour un troisième, jaune pour un quatrième, et ainsi de suite ; tout le spectre y passe ; comme le nombre des couleurs et des lettres est limité, on peut, en dépouillant une centaine d'observations, en rencontrer deux ou trois qui concordent ; parfois aussi la concordance se manifeste entre membres d'une même famille, ou entre personnes qui vivent ensemble ; mais en mettant à part ce que peuvent donner le hasard et l'hérédité, parfois aussi la suggestion, il reste évident que le désaccord est la règle générale. Ce désaccord produit en pratique une conséquence assez bizarre. Si on met en présence l'une de l'autre deux personnes qui ont l'audition colorée, elles ne s'entendent jamais ; chacune est vivement choquée par les couleurs que l'autre indique, et on peut assister, d'après certains auteurs, aux disputes les plus plaisantes. Le rouge, qui pour l'une s'harmonise parfaitement avec l'a, donne à l'autre l'impression d'un contre-sens ou d'une note fausse. Naturellement, chacun croit avoir raison. Curieux exemple d'intolérance !

On a cependant essayé de faire, pour les voyelles, une moyenne des désignations, et on a indiqué les associations les plus fréquemment perçues. Il est fort douteux que cette statistique donne des résultats importants, et que la majorité ait ici raison ; car on doit admettre comme vraisemblable l'existence de plusieurs types d'audition colorée, types qu'on n'a pas encore réussi à distinguer nettement. Sous ces réserves, nous remarquerons, avec M. Jules Millet, qui s'est livré à cette statistique, en compulsant les observations anciennes, que les couleurs les plus fréquemment attribuées aux voyelles sont :

A noir, E jaune, I blanc, O rouge, U vert.

M. E. Claparède a bien voulu dresser pour moi un tableau des résultats de son enquête, résumant cent observations ; je vois qu'en prenant les couleurs qui ont été données le plus souvent aux voyelles, on peut dresser une autre liste :

A noir, E bleu, I rouge, O jaune, U vert.

La concordance des deux listes ne porte que sur l'A et sur l'U. Tout cela est vraiment bien peu significatif.

D'ailleurs, les personnes sont le plus souvent incapables de déterminer avec exactitude la couleur qui leur apparaît, et d'échantillonner cette couleur. Leur incapacité tient à ce que la nuance varie non-seulement avec les mots, mais avec la hauteur de la voix qui prononce ces mots, avec le timbre de cette voix et son accent. Dans deux bouches différentes, un mot n'a jamais la même couleur. Par conséquent, il n'y a pas un rouge défini pour l'*a* ou pour une autre voyelle. Quelques auteurs ont néanmoins publié des aquarelles où les sujets avaient cherché à représenter leur alphabet coloré. M. Galton a donné des figures de ce genre ; ces figures peuvent servir à expliquer et à confirmer une description ; comme indication des teintes, elles ne nous inspirent pas beaucoup de confiance. L'expérience nous a montré qu'il est utile d'être prudent. Nous avons soumis à une épreuve instructive un jeune avocat, qui présente une audition colorée très riche en nuances ; après lui avoir fait représenter en aquarelle ses couleurs, nous mettons l'aquarelle de côté, et nous lui demandons de désigner les mêmes couleurs dans le *Répertoire chromatique* de M. Lacouture, qui renferme 600 gammes typiques ; les désignations n'ont été concordantes que pour les couleurs, nullement pour les nuances. Nous avons noté les mêmes désaccords entre deux peintures d'alphabet coloré faites par une même personne à un an d'intervalle. Il ne faut point se servir de ce fait comme d'un prétexte pour accuser la bonne foi des sujets ; leur bonne foi est entière ; seulement, ils ne peuvent fixer avec précision une couleur qui oscille et se transforme sous l'influence d'une foule de causes insaisissables.

Un de mes correspondants s'est bien rendu compte du caractère fuyant de ces impressions. Je lui avais demandé une aquarelle de son alphabet coloré ; il refusa net : « Je ne saurais indiquer avec sa nuance la couleur qui correspond à tel son ; l'*a* prononcé d'une voix aigre, dans Montmartre, dans montagne, n'a pas la même couleur que dans pâtre. Ce sont des nuances de rouge ; il y a du rouge rose, du rouge brique, du rouge vermillon, etc. La nuance dépend non-seulement de l'acuité du son ou de sa plénitude, mais encore du timbre de la voix. Dans toutes ces nuances je me perds, je n'ai jamais cherché à préciser ; si je cherche à fixer une de ces impressions, elle vacille ; d'ailleurs, dans cet ordre de phénomènes, tout ce qui ne se produit pas spontanément est fictif. »

Nous voici au terme de notre description de l'audition colorée ; nous en avons présenté un portrait générique, écartant tous les faits rares, accidentels, et par conséquent un peu suspects, ne conservant que les phénomènes qui se trouvent signalés dans la plupart des observations. Notre description a donc beaucoup de chances pour être exacte.

Mais on ne peut pas s'en contenter. Il ne suffit pas de décrire, il faut expliquer, dans une certaine mesure, ce qui se passe dans l'esprit des personnes qui éprouvent, à propos des sons, des impressions de couleur. Ces personnes emploient le plus souvent, dans leurs descriptions, une tournure, de phrase particulière : « Pour moi, disent-elles, l'*a* est rouge. » Cette petite proposition, si claire pour ceux qui s'en servent, éveille l'étonnement des profanes. Que signifie-t-elle au juste ? Dans quel sens peut-il exister une identité, ou même une analogie quelconque entre une lettre et une couleur ? C'est ce que nous allons maintenant examiner.

Section II

Avant tout, il faut répondre à une préoccupation, qui hante plus ou moins l'esprit des personnes sujettes à l'audition colorée.

Ces personnes se font une illusion curieuse sur leur état psychologique ; jusqu'au moment où on les interroge sur leurs impressions, elles sont convaincues que la faculté de colorer les sons est une faculté naturelle, normale, commune à tous ; et ce n'est pas sans inquiétude qu'elles apprennent le contraire ; on n'est jamais satisfait de savoir qu'on possède, au fond de son esprit, un caractère exceptionnel. Tout ce qui est exceptionnel, dans ce genre, paraît anormal, et prend un caractère de maladie. Cette opinion est celle de beaucoup de médecins, qui seraient fort en peine souvent de définir l'état de santé psychologique, mais qui pensent que ce qui s'écarte de cet état idéal et mal connu est du domaine de la pathologie. Aussi, les auteurs nombreux qui ont écrit sur l'audition colorée ont-ils mis le zèle le plus louable à rassurer les personnes qui perçoivent ces impressions ; la plupart, — pas tous, — ont affirmé à plusieurs reprises que c'est un acte purement physiologique. Nous croyons, au fond, qu'ils ont raison ; mais dans quelle mesure précise ont-ils raison ? C'est ce que nous allons rechercher ; pour trancher nettement la question, il faut recourir, croyons-nous, à l'analyse psychologique.

On a présenté souvent l'audition colorée sous un jour peu exact. On veut bien reconnaître aujourd'hui que ce n'est pas une maladie des yeux ou des oreilles, mais beaucoup d'auteurs continuent à y voir un trouble de la perception des sens, ou une double perception, ou une confusion entre les actes physiologiques de la vision et de l'audition. Toutes ces définitions ont été données ; à les prendre à la lettre, il semblerait qu'une personne doit voir rouge quand on prononce à côté d'elle une certaine lettre ; bien plus, on a même dit que la personne doit voir certains sons en rouge. Cette erreur d'interprétation est le seul moyen d'expliquer comment un auteur récent, M. Urbantschitsch, a cru résoudre un problème aussi compliqué par quelques expériences très simples de sensation.

« Ces phénomènes, disait-il, sont de nature purement physiologique. On peut les faire apparaître très facilement. Si on fait regarder à une personne une surface blanche ou grise et légèrement ondulée, et qu'on fasse vibrer un diapason près de son oreille, la plupart des personnes voient apparaître, au bout de peu de temps, des lignes ou des taches grises. Bientôt après, elles voient les taches se colorer, le plus souvent en jaune ou en rouge. »

Nous ne discuterons point la valeur des expériences ; c'est inutile, car elles n'ont aucun rapport avec la question ; dans l'audition colorée, il n'y a point de double perception, ni ce qu'on appelle une synesthésie. Tout se passe dans l'imagination du sujet, et lui-même s'en rend bien compte ; les impressions de couleur dont il a conscience à l'audition de certaines voyelles ne sont point des sensations réelles ; ce ne sont point des couleurs qu'on voit par les yeux, ce sont des images mentales, des idées ; on ne saurait mieux les comparer qu'aux images que la signification naturelle des mots éveille dans l'esprit.

Nous devons insister sur ce point important et trop méconnu ; pour donner une base à notre interprétation, nous rappellerons quelques-uns des faits que nous avons recueillis avec M. le professeur Beaunis au laboratoire de psychologie de la Sorbonne ; nous n'introduirons pas ici le lourd matériel des observations, nous n'en prendrons que le sens général.

Voici d'abord un médecin distingué dont l'observation est très intéressante, quoiqu'elle ne présente que des traces d'audition colorée. Pour ce médecin, l'*a* est rouge ; c'est la seule voyelle qui lui paraisse en couleur ; il l'a colorée spontanément, dès son enfance, avant d'avoir lu ce qui a été écrit sur la question ; quant aux autres voyelles, elles ne se sont colorées que beaucoup plus tard ; il se méfie de ces dernières colorations, il les croit fictives, suggérées par des lectures. Nous ne retenons, par conséquent, de toute son observation qu'une seule chose, c'est que l'*a* lui paraît rouge. Examinons ce cas avec soin. Quel sens attribuer à cette phrase si peu claire par elle-même : « l'*a* est rouge ? » Le sujet veut-il dire que lorsqu'il voit la lettre a écrite à la plume sur une feuille blanche, ou à la craie sur un tableau noir, ou lorsqu'on prononce cette voyelle près de lui, il a l'impression subjective d'une tache rouge qui se poserait devant ses yeux, sur les objets environnants ? En d'autres termes, a-t-il une hallucination de la vue ? Nullement. Encore moins a-t-il la prétendue et incompréhensible faculté de *voir* le son en rouge. Il a l'idée du rouge, rien de plus. C'est une idée et non une sensation. Suivant ses propres expressions, il reçoit la même suggestion que s'il rencontre, dans une phrase quelconque, le mot rouge. Écoutons, par exemple, une personne qui nous raconte une cérémonie judiciaire ; au milieu de son récit apparaît la phrase

suivante : « Alors, je vis se lever le procureur en robe rouge… »
Nous avons aussitôt une vision interne de quelque chose de rouge ;
vision nette, détaillée, vivante pour les uns, confuse pour les autres.
C'est une impression analogue que la lettre *a* donne à notre sujet ;
en un mot, une simple idée. Ajoutons : l'idée est peu nette ; le sujet
ne peut pas définir la nuance de rouge qui lui apparaît, encore
moins la représenter par des couleurs réelles, bien qu'il sache
mêler des tons et fasse de la peinture et de l'aquarelle en amateur ;
c'est un rouge quelconque, sans précision.

Supposons, maintenant, que non-seulement une voyelle isolée,
mais que toutes les voyelles donnent lieu au même genre de
suggestions, et notre description conviendra à la majorité des
sujets ; elle représentera exactement leur état mental ; cet état mental
est caractérisé par la direction de la pensée vers les couleurs et les
nuances ; chaque mot qui se présente, soit devant les yeux pendant
une lecture, soit à l'oreille pendant qu'on écoute, soit dans une
conception de l'esprit, donne des idées complexes de couleur. Ces
idées servent de cortège au mot, l'accompagnent constamment ; c'est
comme une seconde signification dont le mot se trouve enrichi ; au
lieu de provoquer une seule idée, chaque mot en provoque deux,
l'idée de l'objet qu'il doit nommer, et une ou plusieurs couleurs ; de
même une phrase éveille non-seulement un ensemble d'images,
mais une série de couleurs. Quand il entend ces simples mots : « Je
vais aller à la campagne, » celui qui a de l'audition colorée a la
représentation complexe d'un voyage à la campagne, et il voit en
outre passer devant les yeux de son imagination une succession de
couleurs, qui se décomposent ainsi pour un sujet pris au hasard :
blanc, rouge, noir, rouge, blanc, rouge, rouge, rouge, rouge, blanc.

Cette description laissera supposer que les inutiles suggestions
de couleur sont un obstacle à la marche de la pensée et doivent
empêcher parfois les personnes de comprendre clairement le
sens des paroles et de la lecture. Ce cas, heureusement, ne s'est
pas encore présenté jusqu'ici, parce que les bandes de couleurs
n'occupent pas constamment le premier plan de la conscience ;
lorsqu'il est nécessaire de s'attacher au sens des mots, on néglige
leurs colorations, on ne les remarque pas, on ne s'en aperçoit plus ;
pour les percevoir nettement, et surtout pour les décrire, il faut
le plus souvent une attention spéciale, du recueillement, un état

de rêverie, ou un désir de jouir de ces belles couleurs subjectives, dont l'apparition est accompagnée parfois d'un vif sentiment de plaisir. Un de nos correspondants nous a signalé l'importance de cette condition d'esprit. « Il faut remarquer, nous dit-il, que les sons ne se colorent que dans mon souvenir, quand je les prononce mentalement, principalement quand je les entends dans un vers que je cherche. Les rimes sont colorées. La beauté des vers n'est pas sans la beauté des couleurs de leurs sons. » Cet état mental n'est pas absolument général, car beaucoup de personnes affirment qu'elles colorent la parole à l'audition ; mais il est certain qu'il faut que l'attention se porte spécialement sur le mot comme mot pour que la couleur en jaillisse. Il en résulte que l'audition colorée devient consciente plutôt dans les moments de loisir de la pensée que pendant son état d'activité.

Image vague, sans précision, sans contour, telle est l'idée de couleur que les mots provoquent le plus souvent ; il y a cependant des personnes, assez nombreuses, qui perçoivent la couleur d'une autre manière ; tout en conservant sa nature d'image interne, d'idée comparable à celle que le souvenir nous représente, la couleur prend une forme ; suggérée par une voyelle, elle recouvre la silhouette de cette voyelle. Le langage dont se servent les personnes pour décrire leurs impressions ne note pas toujours cette particularité : « l'*a* est rouge, » dit-on simplement ; ce qui signifie ici que, lorsqu'on pense à la lettre *a*, on ne peut pas se la représenter autrement que sous la forme d'une lettre peinte en rouge.

Cette variété d'audition colorée est plus raffinée que la précédente, plus complexe aussi, puisqu'elle ne pourrait pas se rencontrer chez un illettré et suppose qu'on sait lire. M. Galton a publié cinq ou six observations de ce genre avec figures.

J'en ai eu sous les yeux un exemple remarquable ; il m'a été fourni par une jeune fille, qui est aquarelliste de profession ; quand elle entend prononcer la lettre *i*, isolément, ou même un mot dans lequel cette lettre figure, elle a la vision intérieure d'un *i* coloré en rouge ; la silhouette de la lettre se détache en valeur sur un fond, également teinté de rouge, mais plus clair ; et il part de la lettre des lignes rayonnantes, qui coupent le fond. Dans le mot Paris, il y a deux couleurs principales ; l'une blanche correspondant à l'*a*, et une rouge, celle de l'*i*. Cette dernière est la plus vive ; elle éclaire et éclabousse en quelque sorte les consonnes voisines, l'*r* et l's du mot Paris. Ces apparences sont si nettes qu'on peut les dessiner et même les peindre : mais ce sont toujours des images internes, ce ne sont point des apparences qu'on peut voir par les yeux. La jeune fille à qui nous devons ces renseignements nous apprend que souvent le soir, en famille, sous l'abat-jour de la lampe, elle écoute les mots de la conversation, sans faire attention au sens des paroles ; elle s'absorbe dans la contemplation de la couleur des mots qui défilent devant son imagination. Parfois, le rouge sanglant de l'*i* la fatigue, et le phénomène, dans plus d'une occasion, prend une intensité douloureuse.

Il serait surprenant qu'une « imagerie » mentale qui acquiert un tel degré de force restât un simple objet de contemplation pour celui qui l'éprouve et ne produisît pas quelques conséquences d'ordre pratique. Les psychologues savent depuis longtemps qu'un état mental très intense, comme une liaison d'idées indissoluble, agit d'une manière directe sur nos croyances et notre conduite. Stuart Mill a dit quelque part, avec sa précision accoutumée, que nous avons une tendance à croire que les idées qui sont associées fortement dans l'esprit correspondent à des faits réels associés de la même façon. Il n'est donc pas indifférent que chez une personne le son de l'*i* donne constamment, subitement, fatalement, l'idée de la couleur rouge ou noire. Cette suggestion irrésistible doit produire certains effets psychologiques, qu'un examen attentif des observations révélera peut-être.

A cet égard, voici les remarques que nous avons laites. Les personnes qui ont l'audition colorée et qui s'en rendent compte reconnaissent assez facilement la nature de leurs impressions subjectives ; elles les considèrent comme des associations personnelles qui n'ont rien de mystérieux, et quelques-unes même en cherchent les causes dans les circonstances les plus banales et les plus futiles. Cependant, si on les laisse décrire leur manière de sentir, on s'aperçoit qu'elles attribuent involontairement à ces associations beaucoup plus d'importance qu'elles ne le disent. Il semble que le plus souvent l'idée de couleur suggérée par un mot est reportée, non pas au mot lui-même, mais à l'objet extérieur désigné par ce mot. Il en résulte une conséquence bien intéressante. Il y a des mots qui désignent un certain objet de couleur rouge, et qui, d'autre part, par leurs voyelles, provoquent l'idée d'une couleur différente, par exemple du gris ; ce désaccord paraît tout à fait choquant ; les sujets n'hésitent point à déclarer le mot mal fait. Le médecin de nos amis qui trouve que Va est rouge trouve aussi que le mot feu est incorrect, parce que le feu est rouge et que le mot feu est dépourvu d'*a*. Un de mes correspondants pour lequel l'audition colorée est une palette multicolore fait les mêmes remarques au sujet des contradictions ou des confirmations qu'il rencontre entre le sens des mots et leur couleur. Pour lui, les a sont rouges, comme pour la personne précédente ; dès lors il trouve que le rouge est « mal nommé » et que le mot feu est « ce qu'il y a de plus terne ; » écarlate est au contraire « tout à fait imitatif. » L'*i* est noir et l'*o* est blanc ; il en résulte que le mot noir est blanc et noir ; « prononcer les mots moire rouge, c'est penser une contradiction. » Ces chicanes de mot, dont on pourrait citer encore de nombreux exemples, nous paraissent indiquer une tendance à donner une portée réelle aux associations de son et de couleur, comme si ces associations exprimaient une vérité à laquelle le langage devrait se conformer. Mais les sujets sont trop intelligents pour affirmer cette idée ; ils en subissent seulement l'empire, sans s'en douter.

Il en est d'autres chez lesquels la même tendance se manifeste de la façon la plus claire et la plus naïve ; fait vraiment extraordinaire, ils croient de bonne foi que certains objets qu'ils n'ont jamais vus ont précisément la couleur du mot qui les nomme. Nous avons cité Bleuler, par exemple, qui dit à son ami Lehmann que les kétones sont jaunes ; il les croyait jaunes à cause de la voyelle *o* du mot kétone, à laquelle il attribuait cette couleur. Les observations de ce genre sont assez rares, ce qui tient à plusieurs raisons qu'on devine et qu'il est inutile de détailler longuement ; pour qu'une personne ait la naïveté de croire qu'un objet est rouge parce que son nom contient des voyelles rouges, il faut nécessairement qu'elle ne connaisse pas la couleur réelle de l'objet ; il faut aussi qu'elle ne se soit pas rendu compte de la faculté qu'elle présente de colorer les voyelles ; car, dès qu'elle s'aperçoit que la couleur supposée dépend du mot, l'illusion doit disparaître. Ces diverses circonstances se sont sans doute rencontrées dans l'observation suivante que M. Claparède a recueillie tout récemment et qu'il a bien voulu nous communiquer ; elle est inédite, comme tous les autres renseignements qu'il nous a fournis. Une personne de cinquante-deux ans lui écrit : « Je me souviens encore de la stupéfaction que j'éprouvai à l'âge de seize ans, en voyant pour la première fois de l'acide sulfurique. Auparavant, j'avais lu un livre de science familière où il était question de cette substance ; elle était apparue à mon imagination comme un liquide opaque ayant l'aspect du plomb terni. A cette époque, je n'avais pas encore la conscience de la vision colorée des voyelles. Plus tard, je me suis rendu compte que cette représentation tenait simplement aux deux *u* qui se trouvent dans le mot *sulfurique*. » Ce sujet note en effet comme couleur : « *i* noir ; *u* gris métallique sans éclat. »

Ces bizarreries nous paraissent éclaircies par les considérations que nous venons de développer ; elles sont une preuve curieuse de la tendance qu'on éprouve toujours à donner de la réalité à une association mentale indissoluble.

Même tendance encore, mais avec un effet tout différent, chez une dame observée par M. Suarez de Mendoza. Cette dame attribue à chaque morceau de musique, à chaque partition, une couleur particulière ; la musique d'Haydn lui paraît d'un vert désagréable ; celle de Mozart est bleue en général ; celle de Chopin se distingue par beaucoup de jaune ; celle de Wagner lui donne la sensation d'une atmosphère lumineuse, changeant successivement de couleur. Ces associations, passées en habitude, se manifestent d'une façon tellement impérieuse que cette dame fait relier toutes ses partitions suivant la teinte générale de chaque œuvre ; elle ne peut pas supporter une reliure d'une couleur différente. Ce n'est plus une simple croyance, c'est un effort pour matérialiser une conception de l'esprit et une preuve de la tendance de nos idées à se dépenser en actes. Tous ces faits psychologiques, quoique d'apparence différente, doivent rentrer sous la même explication, car ils dépendent du même principe.

C'est encore à ce principe qu'il faut rattacher les quelques hallucinations élémentaires qui se sont produites dans l'audition colorée. On sait aujourd'hui que toute image un peu vive est accompagnée pendant un court instant de la croyance à la réalité de son objet, et que ce phénomène, en s'exagérant, donne lieu à une hallucination ; il est donc légitime de prévoir que les impressions de couleur que le son donne à certaines personnes deviendront, dans quelques cas, des hallucinations visuelles ; ce fait s'explique logiquement par tout ce qu'on sait sur la parenté de l'image avec l'hallucination et de l'hallucination avec la perception des sens. On a noté, en effet, un petit nombre d'hallucinations dans l'audition colorée ; seulement ces hallucinations sont rares ; elles sont, en outre, incomplètes, peu développées, tout à fait rudimentaires ; elles ne paraissent pas avoir entraîné la conviction des personnes qui les éprouvent. Le professeur de rhétorique qui a fait ses confidences au docteur Pedrono disait qu'il voyait une tache de couleur au-dessus d'une personne qui chantait ; mais il s'exprime peu clairement. — « Pincez une guitare, disait un autre, et aussitôt nous voyons une image colorée qui environne les cordes pincées. » — De tels faits ne prouvent nullement, comme on l'a cru, une exaltation de l'acuité des sens ; ce sont simplement des images mentales extériorisées. N'insistons pas, les observations sont trop peu nombreuses pour nous donner une entière confiance. Quand il s'agit de phénomènes subjectifs, il faut n'avancer que lorsqu'on possède un grand nombre de témoignages concordants. Il nous a suffi d'indiquer l'hallucination comme terme possible d'une imagination trop vive.

Nous venons d'établir la nature mentale des impressions de couleur, nous n'avons pas encore fait comprendre la cause de leur apparition. Nous savons à peu près ce qu'on veut dire quand on prononce cette phrase : « l'*a* est rouge ; » nous n'avons pas expliqué comment l'idée ou la perception d'un son peuvent éveiller l'idée de cette couleur. Il y a là un problème. Nos idées ont en général une origine logique ; nous avons du moins l'habitude de le croire, et il nous arrive souvent, en faisant l'analyse de nos représentations, de trouver la cause qui les fait apparaître et les a liées ensemble. Si j'entends une cloche et que, sans la voir, je me représente sa forme arrondie, son battant et sa teinte d'un vert foncé, on comprend cette liaison d'idées ; elle est naturelle, utile et vraie ; elle dérive d'expériences antérieures. C'est un morceau du monde extérieur qui est enregistré dans notre esprit. Mais comment se fait-il qu'un *a* éveille l'image du rouge, et que d'une manière générale les sons se colorent pour certaines personnes ? Ces associations sont factices ; elles ont un caractère purement individuel ; elles ne correspondent à rien dans l'ordre des faits extérieurs ; un son est un son, il n'a rien de commun avec une couleur ; la voix humaine est grave ou aiguë, elle n'est ni jaune, ni verte. Comment cette association s'est-elle créée, comment s'est-elle développée, malgré l'opposition que le bon sens a dû lui faire ? Question bien délicate et que nous sommes loin d'être en mesure de trancher.

Il faudrait, pour ces analyses, avoir à sa disposition un grand nombre d'observations recueillies par des auteurs curieux de psychologie, qui ne se contenteraient pas d'écrire des listes de couleur sous la dictée de leurs sujets. Il est évident que le fait d'établir des associations tenaces entre des impressions qui n'ont rien de commun est le signe d'une certaine forme intellectuelle, qui n'est point celle de tout le monde. Pour notre part, nous attachons une certaine importance à la qualité des images évoquées ; elles sont de nature visuelle, ce qui semble indiquer qu'il existe dans l'audition colorée une poussée intense des images visuelles et une tendance à penser, comme à sentir, avec ces images ; en un mot, nous faisons l'hypothèse que ceux qui ont de l'audition colorée appartiennent à la catégorie des visuels.

Le sens de ces mots n'a plus besoin d'être expliqué : tout le monde sait aujourd'hui comment, dans ces dernières années, M. Charcot, et à sa suite beaucoup de psychologues, ont été amenés à distinguer plusieurs mémoires, la visuelle, l'auditive, la motrice, etc., qui peuvent présenter chez un même individu des inégalités si grandes de développement que telle personne accomplira avec la seule mémoire auditive, par exemple, une opération qu'une autre personne exécute avec la seule mémoire visuelle. On se souvient encore, certainement, du cas si intéressant de M. Inaudi, ce calculateur-prodige qui fait de tête des opérations énormes avec des images auditives, c'est-à-dire en se répétant les nombres à voix basse, tandis que la majorité de ceux qui calculent de tête voient les chiffres comme s'ils étaient écrits à la craie sur un tableau noir fictif.

M. Inaudi nous a permis d'étudier la mémoire auditive. L'audition colorée nous permettra peut-être d'étudier la mémoire visuelle. C'est là le lien qui rattache les unes aux autres nos études successives et leur donne une sorte d'unité. Nous cherchons, à propos des problèmes les plus divers, à exposer et à faire bien comprendre la théorie moderne des images mentales et des types de mémoire.

Seulement, il n'est pas absolument certain que l'audition colorée concorde toujours avec le type de la mémoire visuelle et qu'il y ait entre les deux choses une relation causale. Ce n'est encore qu'une hypothèse, nous allons dire pour quels motifs nous la proposons.

Le premier de ces motifs, c'est le témoignage des sujets que nous avons eu l'occasion d'interroger ; nous les avons interrogés d'un ton indifférent, sans chercher à leur dicter leurs réponses ; et ils ont tous remarqué que les couleurs et les formes sont les choses dont ils se souviennent le plus facilement. Peut-être ce témoignage paraîtra-t-il de mince valeur ; on peut se demander si une personne a qualité pour déterminer son type de mémoire ; nos lecteurs qui voudront bien faire leur examen de conscience auront sans doute beaucoup de peine à savoir s'ils se souviennent avec des images visuelles ou avec des images auditives. Cette indécision provient précisément de ce que la majorité des individus se rattache au type indifférent et bien pondéré qui se sert en proportions égales de toutes les mémoires. Ceux qui ont de l'audition colorée n'éprouvent pas la même difficulté à s'expliquer. Une jeune fille, à qui je fais ma demande par écrit, pour éviter les suggestions inconscientes de l'accent, m'envoie la réponse suivante : — « Vous me demandez si je me rappelle mieux les choses vues ou les choses entendues ; ce sont les choses vues ; quand je me souviens d'une conversation, ce sont les gestes, les attitudes des personnages qui me rappellent ce qui a été dit. Des tableaux successifs se présentent devant mes yeux, et ces tableaux m'aident à me rappeler ce que j'ai entendu. » — C'est bien là le type visuel. En outre, pour la détermination du type, il faut tenir compte du goût des personnes, de leurs aptitudes, de leurs occupations favorites. La plupart de ceux que j'ai vus font de la peinture ou de l'aquarelle, quelques-uns sont peintres de profession ; d'autres ont été entraînés par les circonstances dans des carrières différentes : l'un est médecin, l'autre avocat, un troisième est professeur de lettres ; mais presque tous aiment la couleur et la nature et se passionnent pour les belles teintes. Remarquons aussi leur langage ; quand ils décrivent leur état mental, ils ont une abondance merveilleuse d'expressions imagées. M. Galton en a fait la remarque, et elle est très juste ; peu de personnes, parmi celles qui ont de l'audition colorée, se contentent de nommer laconiquement la couleur des voyelles ; elles précisent la nuance, même s'il s'agit de la couleur blanche, qui semble si simple comme sensation et si facile à définir sans épithète ; on ne dira pas : « *o* est blanc, » mais bien « *o* est d'une nuance de blanc, la couleur de la peluche blanche, la couleur du dessous d'un beau et frais champignon blanc. » Un autre dira : « Blanc laiteux avec idée d'un liquide épais, comme de la crème ; » un autre : « teinte blanc de lait mélangé d'un peu de jaune, » et une foule de comparaisons analogues : blanc d'argent, blanc de chaux, etc. L'emploi de ces expressions nous renseigne sur le sens chromatique de ces personnes : ce sont des coloristes, n'en doutons pas ; nous qui avons l'imagination terne, nous avons à notre disposition les mêmes mots qu'eux ; mais nous ne pouvons pas tirer de ces mots les mêmes effets. Les mots sont comme les couleurs dont on se sert pour peindre. Donnez deux palettes identiques à deux peintres dont l'un est coloriste comme Delacroix et dont l'autre est dessinateur comme Ingres ; avec les mêmes matières colorantes l'un produira une œuvre brillante, et l'autre une œuvre terne. Ce qui permet de donner de la couleur à la toile, comme à l'expression de nos idées, c'est surtout la puissance de la vision mentale.

Nous trouvons, dans les premiers résultats de l'enquête de M. Claparède, quelques faits qui confirment notre hypothèse. M. Claparède a eu l'idée ingénieuse de faire son enquête simultanément sur l'audition colorée et sur les schèmes visuels. Cette dernière expression a besoin d'être expliquée ; elle a été suggérée par les beaux travaux de M. Galton, dont le nom reste attaché à tout ce qui concerne la vision mentale. M. Galton a fait le premier la remarque que certaines personnes se représentent la série des nombres sous une forme figurée, dont on peut tracer le dessin. Cette forme varie beaucoup avec les individus ; tantôt les nombres sont rangés dans leur ordre naturel, de 1 à 10, par exemple, en regard des barreaux d'une échelle ; tantôt ils sont distribués sur une ligne courbe ou brisée, ou bien ils sont enfermés dans des cases. Une des personnes sur lesquelles nous avons étudié l'audition colorée associe aux dix premiers chiffres des symboles visuels assez singuliers ; chaque chiffre lui rappelle la silhouette d'un personnage différent, un duelliste, une vieille femme, un banquier, etc. M. Claparède a pensé qu'on peut aussi se représenter sous des formes figurées d'autres notions abstraites, telles que les mois de l'année et les jours de la semaine. C'est à cet ensemble de représentations qu'il donne le nom de schèmes visuels ; ces phénomènes, dont l'interprétation n'est pas encore trouvée, mériteraient une étude spéciale ; ils nous semblent attester une tendance à penser, même des notions abstraites, sous une forme visuelle, et par conséquent, ils constituent une marque de ce type de mémoire ; c'est à ce point de vue que nous en parlons ici. Les résultats de l'enquête ont montré une coïncidence fréquente entre les schèmes visuels et l'audition colorée. Voici les chiffres que M. Claparède nous envoie, et qui nous paraissent assez significatifs : sur les 270 personnes qui ont répondu d'une manière positive à son questionnaire, 120 ont à la fois de l'audition colorée et des schèmes visuels ; les autres n'ont que l'un ou l'autre de ces deux phénomènes. Il nous paraît extrêmement probable que ces 120 personnes doivent appartenir au type visuel, et nous espérons que M. Claparède pourra les soumettre à un examen individuel, qui tranchera définitivement la question.

Sans employer de schèmes visuels, bien des personnes se représentent mentalement les chiffres, comme s'ils étaient écrits, et ce mode de représentation est encore un bon caractère de leur type de mémoire. J'ai fait à ce propos une expérience, qui m'a paru instructive ; répétée sur un petit nombre de sujets seulement, elle m'a toujours donné des résultats concordants ; je la recommande vivement à ceux qui veulent rechercher les types de mémoire, si utiles à connaître dans plus d'une circonstance. On prononce devant la personne cinq chiffres et on la prie de les répéter ; on en prononce ensuite six, puis sept, jusqu'à ce que le nombre atteint soit supérieur à ceux qu'elle répète exactement ; puis l'opération faite, on demande brusquement à cette personne si elle a *vu* les chiffres, ou si elle les a entendus dans sa mémoire. Remarquons que, par le mode d'expérience choisi, on a surtout fait appel à la mémoire auditive de la personne ; les chiffres ne lui ont pas été montrés, mais dits ; elle les a entendus ; c'est une impression auditive qui a été confiée à sa mémoire ; aussi la plupart des personnes, neuf sur dix, prises au hasard, ne manquent pas de répondre qu'elles ont eu les chiffres « dans l'oreille, » elles n'ont pas pensé à les voir, ou si elles les ont vus, c'est par une vision mentale confuse, indirecte. Au contraire, les personnes qui ont de l'audition colorée répondent qu'elles ont vu les chiffres ; quoiqu'on ait excité leur mémoire par l'audition, elles ont transformé l'image auditive du chiffre en image visuelle ; leur attention s'est fixée sur la forme, sur la couleur, preuve excellente de cette tendance à tout transformer en visions, qui nous paraît la caractéristique de l'audition colorée.

Cette organisation intellectuelle, par plusieurs de ses traits, se confond avec celle du peintre, chez lequel, comme l'a bien indiqué M. Arréat, dans un livre récent,[1] la marque de la vocation se trouve dans la sensibilité de l'œil, dans l'aptitude à goûter, à rechercher et à reproduire l'éclat des couleurs et l'harmonie des formes ; d'où, comme conséquence, une habitude à penser avec des images visuelles. Suffit-il donc d'avoir les dons naturels du peintre pour avoir de l'audition colorée ? Évidemment non ; c'est une des conditions psychologiques du phénomène, ce n'est pas la seule. Une belle mémoire visuelle fournit une ample matière aux comparaisons tirées du monde des couleurs ; elle ne saurait expliquer cet accolement particulier de l'image de couleur à certains sons, qui constitue l'audition colorée.

On peut comprendre qu'une personne capable de se rappeler les couleurs avec leurs moindres nuances puisse, en donnant carrière à son imagination poétique, colorer tous les sons qui vibrent à son oreille ; mais elle n'aboutira qu'à des comparaisons intentionnelles, qui pourront se faire et se défaire à volonté ; l'association qui caractérise l'audition colorée est tout autre ; elle n'est point cherchée ni choisie ; le sujet ne l'invente pas, il la trouve en quelque sorte toute formée de son esprit. Il lui suffit d'entendre retentir une voix pour qu'il ait, presque instantanément, dit-on, l'impression que cette voix a une certaine nuance. Le docteur Pedrono dit de son sujet : « Chaque fois qu'un son bien net frappe son oreille, surtout le son d'une voix humaine, à l'instant même, avant toute réflexion, le son se traduit pour lui par une couleur. L'impression est subite et spontanée ; avant de remarquer si une voix est agréable ou non, forte ou faible, il se dit « : Bon ! voix rouge, voix verte, etc. » Cette spontanéité de l'impression montre bien qu'elle n'est point cherchée volontairement. De plus, l'association entre le son et la couleur date de l'enfance ; son origine se perd dans le lointain des premières années ; et telle on l'a perçue au début, telle on la verra persister pendant toute la vie. Aucun de ceux qui ont réellement de

---

1   *La Psychologie du peintre*, Paris, 1892.

l'audition colorée ne peut détruire volontairement ses associations ou les remplacer par d'autres ; du moment que Va est rouge, il restera rouge malgré un effort fait pour le voir jaune ou incolore ; c'est une association indissoluble, une idée fixe, une obsession.

Nous touchons ici au caractère fondamental de l'audition colorée ; puisqu'elle consiste dans une association artificielle et insurmontable, on ne peut la considérer comme un état strictement physiologique ; c'est une déviation, si insignifiante qu'on la suppose, de la marche ordinaire et normale de la pensée ; elle coïncide le plus souvent, il est vrai, d'après les observations des meilleurs auteurs, avec un parfait état de santé physique et morale ; peut-être trouve-t-on chez la majorité des sujets une légère prédominance du tempérament nerveux. L'influence de l'hérédité a été notée plusieurs fois ; on a compté jusqu'à quatre ou cinq cas dans une même famille, et il y avait alors beaucoup de ressemblances entre les alphabets colorés des parents.

Si l'origine première et profonde de l'audition colorée est, comme nous le croyons, dans l'organisation de l'individu, quelle est la cause occasionnelle qui la détermine, et qui établit une liaison précise entre chaque espèce de son et une couleur ? Nous ne nous poserions pas la question si nous jugions impossible de la résoudre par quelque méthode directe. Nous avons le ferme espoir que des enquêtes individuelles bien conduites finiront par découvrir l'origine de l'association son-couleur. Peut-être faudra-t-il attacher quelque importance à ces petits livres de lecture où les lettres sont mises en couleur, pour amuser les yeux d'enfants. Peut-être aussi la consonance de certains mots qui désignent des objets colorés s'est-elle détachée du mot lui-même, par une sorte d'abstraction, et a-t-elle porté le reflet de sa couleur dans les autres mots où elle se retrouve, bien que ceux-ci aient un sens tout différent. Nous trouvons cette seconde opinion indiquée dans une observation publiée par M. Galton ; l'observation concerne une dame qui colore l'*e* en rouge, et qui suppose que cette couleur provient de ce que le mot anglais *red*, qui veut dire rouge, contient un *e*.

Un de mes correspondants a longuement développé des idées analogues, sans rien affirmer du reste, car l'origine de l'audition colorée est absolument ignorée de ceux qui l'éprouvent ; simple hypothèse qu'il imagine et qu'il développe avec un certain luxe d'exemples. Citons quelques passages :

« Les rimes en *an*, nous dit-il, comme Fr*an*ce, espér*an*ce, ont pris la couleur de l'orage. Tous ces mots forment une famille, la famille des choses belles ; le son *an* me paraît le plus aristocratique, le plus sonore… et voyez combien d'autres mots sont associés au même sentiment : *frange* ; je vois des franges d'or fauve, des bords de nuage éclairés par le soleil couch*ant*, des couleurs éclatantes ; *ange* est encore un mot qui s'accompagne d'admiration. » Même filiation pour le blanc de l'*o* : « Le mot bien nommé qui donne la couleur aux autres, c'est *flots*. Avec matelots, nous voilà dans la marine et dans l'écume, qui b*ou*illonne, qui m*ou*tonne. » De même pour *ou*, son triste : « Le son *ou* est du blanc mal éclairé ; au lieu de voir de beaux cumulus illuminés et resplendissant de blancheur, je ne vois plus que le brouillard épais, la pr*o*f*o*ndeur, le g*ou*ffre, qui s'*ou*vre. Le mot qui donne sa couleur, c'est br*ou*ille ; ce son est sans noblesse, f*ou*ille, baf*ou*ille, gr*ou*ille, bred*ou*ille, b*ou*de. Tous ces mots ont un air penaud et confondu, et une couleur de fond de poche. » Un dernier exemple, qui marquera bien la genèse de ces associations de couleur et aussi de sentiment : « I désigne le brillant, l'éclat métallique ; je pense au diamant noir. I est bien placé dans les mots *cire*, polissé, vif, pic, vernis, acier, scie. Il m'empêche de trouver absurde le mot noir, qui contient l'*o* blanc. » En résumé, notre correspondant conclut ainsi : « Vous voyez comment les noms en *u* sont devenus noirs, ils ont pris la couleur de la fumée ; comment les *o* ont pris la couleur des flots écumants, comment les *è* ont pris la couleur de feuille verte ; ces mots sont associés par un même genre d'impression esthétique. » Sans attacher à cette explication plus d'importance que ne lui en donne l'auteur, nous avons cru utile de lui faire une place dans notre travail ; elle est déjà venue à l'esprit de beaucoup de personnes, et Fechner l'a formulée nettement dans les pages substantielles qu'il consacre à la question. Elle est probablement vraie dans un certain nombre de cas ; mais nous ne la croyons pas d'une vérité générale ; il y a beaucoup de causes différentes qui peuvent produire un même effet.

En définitive, nous résumerons de la façon suivante les connaissances que nous possédons sur le mécanisme de l'audition colorée ; un point est certain, c'est que les impressions de couleur qui sont suggérées par certaines sensations acoustiques sont des images mentales ; un point est probable, c'est que les personnes qui éprouvent ces impressions appartiennent au type visuel ; un point est possible, c'est que la liaison des impressions soit le résultat de perceptions associées.

Section III

Nous nous ferions une idée trop étroite de l'audition colorée si nous nous bornions à considérer ce phénomène au point de vue du mécanisme psychologique des sensations et des images, et si nous ne parlions pas des relations qu'on a voulu établir entre l'audition colorée et certaines questions d'art et de science. Les littérateurs se sont souvent occupés des associations du son avec la couleur, ils ont à plusieurs reprises décrit ces associations, sans en établir ni même en chercher la nature, et surtout sans se préoccuper des études que faisaient paraître les physiologistes et les médecins. Il en résulte que la question a deux historiques, dont chacun est indépendant de l'autre ; bien plus, ces deux ordres parallèles de recherches ont abouti à des conclusions distinctes. Tandis que les médecins n'ont voulu voir dans l'audition colorée qu'un trouble de la perception des sens, les littérateurs ont cru y découvrir une forme d'art nouvelle.

Seulement, on se tromperait en attribuant aux artistes des conceptions précises ou des théories arrêtées sur ces problèmes délicats ; le plus souvent, ils n'ont eu que des aspirations, un désir vague d'atteindre quelque sensation inédite. Plus d'un semble avoir eu la conviction que par l'audition colorée on arrive à une sorte de sensibilité exaltée qui permet de pénétrer dans les propriétés les plus cachées du monde extérieur ; la perception des accords entre les sons et les couleurs constituerait une première découverte des sens, fermée au vulgaire, accessible seulement à un petit nombre d'initiés ; et il faudrait accepter le témoignage de ces initiés, même sans le bien comprendre, parce qu'en nous donnant des sensations nouvelles, ils peuvent nous procurer des émotions et des jouissances inconnues, et aussi des pensées profondes. Guy de Maupassant parle avec éloquence de « ce domaine impénétrable dans lequel chaque artiste essaie d'entrer, en tourmentant, en violentant, en épuisant le mécanisme de sa pensée. » — « Ceux qui succombent par le cerveau, dit-il, Heine, Baudelaire, Balzac, Byron, Musset, Jules de Goncourt et tant d'autres, n'ont-ils pas été brisés par le même effort pour renverser cette barrière matérielle qui emprisonne l'intelligence humaine ? »

Il est évident pour nous que des aspirations de ce genre ne reposent sur aucun fait précis et démontrable, et sont par conséquent entièrement étrangères à ce qu'on peut appeler la connaissance scientifique. Peut-être quelque confusion s'est-elle produite dans l'esprit des artistes. N'auraient-ils pas mal compris les analogies que la physique moderne a découvertes entre le son et la lumière ? Ou bien se seraient-ils laissé tromper par la théorie physiologique de « l'énergie spécifique des nerfs ? » On ne sait ; n'insistons pas davantage sur des erreurs trop palpables ; ce serait faire preuve de pédantisme ; la science et la littérature sont choses distinctes et presque incompatibles ; on n'a pas besoin d'être un savant pour faire une œuvre d'art ; il est même préférable qu'on n'en soit pas un. Nous ne demandons pas au peintre d'avoir lu les ouvrages de Helmholtz et de connaître à fond la théorie des couleurs complémentaires ; nous lui demandons seulement d'avoir de la couleur au bout de son pinceau. De même, peu nous importe que l'audition colorée soit accompagnée d'une théorie sur la connaissance du monde extérieur ; la seule question qui nous intéresse est de savoir si l'audition colorée peut être utilisée au point de vue de l'art, et devenir une source de jouissance dans la poésie ou dans le roman.

Cette question est d'ordre pratique ; et de plus, chacun peut la résoudre aujourd'hui à son gré ; car les tentatives dans ce sens ont déjà eu lieu ; elles sont dans toutes les mémoires ; qu'on les juge.

La plupart sont dues à l'école symboliste ou décadente, qui leur a offert un milieu plus favorable qu'aucune autre école de littérature, car le symbolisme paraît avoir pour principe de faire une large part au mystérieux dans toute œuvre d'imagination ; et les écrivains décadents semblent, dans leurs œuvres, n'avoir d'autre souci que de noter des sensations individuelles, sans les lier les unes aux autres et les rendre compréhensibles. C'est donc un poète décadent, c'est-à-dire un ami du crépuscule, qui était tout désigné pour mettre l'audition colorée en rimes ; ce poète s'appelle Auguste Rimbaud, un de nos contemporains, qui vient à peine de disparaître. Son curieux sonnet a la précision d'une observation médicale, et si réellement le poète n'a pas éprouvé les impressions qu'il raconte, il a été un simulateur très habile. Voici son sonnet ; bien qu'il soit assez connu, presque célèbre, on aura peut-être plaisir à le relire ici.

A noir, E blanc, I rouge, U vert, O bleu, voyelles,

Je dirai quelque jour vos naissances latentes.

A, noir corset velu de mouches éclatantes,

Qui bourbillent autour des puanteurs cruelles,

Golfes d'ombre. E, candeur des vapeurs et des tentes,

Lames des glaciers fiers, rois blancs, frissons d'ombelles.

I, pourpre, sang craché, rire des lèvres belles

Dans la colère ou les ivresses pénitentes.

U, cycles, vibrements divins des mers virides,

Paix des pâtis semés d'animaux, paix des rides

Que l'alchimie imprime aux grands fronts studieux.

O, suprême clairon plein de strideurs étranges,

Silences traversés des mondes et des anges ;

O, l'oméga, rayon violet de ses yeux.

Nous nous demandons si un pareil sonnet peut donner une émotion sincère, ou seulement un plaisir intellectuel à une personne qui n'éprouve point d'audition colorée ; pour ceux qui, comme nous, n'ont aucune espèce de tendance à teindre les voyelles, les notations de l'auteur n'éveillent aucun écho ; nous ne vibrons point à l'unisson, nous ne sommes pas émus, nous ne comprenons pas.

« I rouge, » dit Rimbaud ; il affirme le fait brutalement, sans explication ni commentaire. Eh bien, nous protestons énergiquement ; pour nous, l'*i* n'est ni rouge, ni bleu, ni blanc, ni même incolore ; c'est un *i*, rien de plus ; et nous n'éprouvons aucune jouissance à écouter une affirmation qui nous paraît inintelligible.

C'est là l'obstacle, ce nous semble, que rencontrera toujours l'audition colorée quand elle cherchera à pénétrer dans la poésie ;

du moment que ce phénomène se présente, comme dans le sonnet de Rimbaud, avec son caractère inflexible, du moment que rien n'est laissé au hasard, à l'arbitraire, et que chaque son se trouve lié à une couleur rigoureusement déterminée, il ne se produit aucun effet esthétique pour ceux qui n'ont pas la faculté de se réjouir des associations artificielles, et qui les apprennent ici pour la première fois.

Donc, ceux qui n'ont point d'audition colorée restent indifférents ; que faut-il attendre de ceux qui ont de l'audition colorée ? Est-ce de la sympathie ? Au contraire, c'est de l'indignation.

Nous avons déjà noté le fait dans nos descriptions précédentes ; deux personnes qui ont réellement des associations de couleur ne peuvent pas s'entendre ; elles accordent aux lettres des couleurs différentes, et chacune est choquée par les couleurs de l'autre, qui lui paraissent inexactes et ridicules. Il devait donc se trouver un poète, qui, percevant des couleurs autres que celles de Rimbaud, protesterait contre son sonnet ; c'est ce qui est arrivé. En 1886, M. René Ghil, dans son *Traité du verbe*, critique les soi-disant erreurs de Rimbaud, qu'il appelle le poète maudit.

« Et d'Arthur Rimbaud la vision doit être revue, ne l'exigerait que l'erreur sans pitié d'avoir sous la voyelle si évidemment simple, l'U, mis une couleur composée, le vert.

« Colorées ainsi se prouvent à mon regard exempt d'antérieur aveuglement les cinq :

A noir, E blanc, I bleu, O rouge, U jaune. »

Et continuant avec confiance sa distribution des couleurs, le nouveau poète décrète que le son des orgues est noir, celui des harpes blanc, celui des violons bleu, celui des cuivres rouge, et celui des flûtes jaune. Puis il rattache à ces différents instruments les diphtongues : « IE et IEU seront pour les violons angoissés ; OU, IOU, UI et OUI seront pour les flûtes aprilines ; AE, OE pour les harpes rassérénant les cieux ; OI, ION, ON pour les cuivres glorieux ; IA, EA, OA, UA, OUA pour les orgues hiératiques… »

Nous ignorons si M. Ghil a personnellement de l'audition colorée ; la question par elle-même est peu intéressante pour le débat littéraire, car sa description est assez précise et assez rigoureuse pour émaner d'une personne qui décrirait sincèrement ce qu'elle éprouve. Nous ne chercherons pas à mettre sa chromatique d'accord avec celle de Rimbaud ; ce serait un travail inutile et stérile. Remarquons seulement que la série de couleurs de Rimbaud est beaucoup plus confirme que celle de M. Ghil à la série moyenne ; l'*u*, notamment, dont la coloration verte déplaît à M. Ghil, paraît vert à la majorité des personnes.

Il serait bien inutile d'insister davantage. L'essentiel pour nous est de montrer que cette poétique ne peut pas avoir beaucoup d'avenir puisqu'elle est condamnée par sa nature même à ne jamais contenter personne.

Après la poésie, le théâtre ; l'audition colorée a essayé de pénétrer partout. Il y a un an, un théâtre éphémère s'est avisé de donner à un public choisi le régal d'une pièce dans laquelle on a essayé de porter à la scène les associations de couleur et de son. La pièce est une adaptation du *Cantique des cantiques* ; elle est due à M. Rouanard et à Mme Flamen de Labrély ; on l'a trouvée bizarre et incompréhensible, parce qu'on ne s'est pas bien rendu compte du point de départ des auteurs ; elle nous paraît, au contraire, très claire, très simple et très candide ; c'est un essai d'adaptation fait avec beaucoup de conscience. Quelques détails suffiront pour en juger. Nous savons déjà que, dans l'audition colorée, certaines voyelles s'accompagnent toujours des mêmes représentations mentales de couleur. Les auteurs du *Cantique des cantiques* ont donné une forme matérielle à ces associations d'idées. Voici un personnage qui s'avance vers la rampe ; on lui fait tenir un discours dans lequel, par un heureux choix de mots, revient constamment la même voyelle, 17, par exemple ; et, pour indiquer aux yeux du spectateur l'idée de couleur orangée qui, pour un petit nombre de personnes, se dégage de cette voyelle, le personnage en question se présente dans un décor orangé. Il en est d'autres dont le récitatif a d'autres voyelles dominantes, et qui se meuvent dans des décors rouges, bleus, verts. Puis, pour augmenter les nombres des concordances et les rendre plus complètes, les auteurs ont lié à chaque voyelle et à chaque couleur un parfum particulier, et une note musicale également déterminée ; et, naturellement, comme il faut traduire tout cela sous une forme matérielle, pendant que le récitatif était en *i* et que le décor était orangé, on faisait entendre une symphonie en *ré* dans la coulisse et on pulvérisait des parfums de violette blanche près du trou du souffleur. Il aurait été intéressant de connaître le jugement des rares individus, perdus dans le public, qui avaient de l'audition colorée, et dont les impressions auraient pu être d'accord avec celles des auteurs ; on se demande si une personne qui colore l'*i* en orangé eût éprouvé une satisfaction quelconque à entendre un acteur prononcer des discours en *i* pendant que la silhouette de cet acteur se détachait sur un fond de toile peint en couleur orangée ; nous en doutons un peu. Quant aux auteurs de cette tentative originale, ont-ils personnellement de l'audition colorée ? *A priori*, on peut supposer que non, parce qu'ils sont deux et qu'ils ont réussi à s'entendre. Nos renseignements particuliers ont confirmé nos prévisions ; les auteurs n'éprouvent personnellement aucune impression chromatique ; mais ils pensent tirer de ces associations des effets savants ou agréables. Ils ont tort, à notre avis, de demander ces effets au théâtre, dont l'art repose surtout sur des sentiments généraux, communs à toutes les personnes qui composent un public ; l'audition colorée trouverait mieux sa place dans le roman, genre plus intime, où l'auteur tient avec son lecteur une conversation à deux et peut lui communiquer des impressions délicates et personnelles. C'est un dernier essai à tenter. Sera-t-il plus heureux que les autres ?

Ici finit l'histoire littéraire de l'audition colorée, et nous pourrions ne pas aller plus loin. Mais les choses de l'intelligence n'ont point de limites brusques, elles se fondent insensiblement les unes dans les autres ; à côté de l'audition colorée, nous percevons chez quelques artistes des manières de penser et de sentir qui diffèrent extrêmement peu des précédentes, car elles ont comme caractère commun d'établir des « correspondances » entre l'œil et nos autres sens. Ce n'est plus là, certainement, ce que nous avons étudié jusqu'ici, mais c'est un état psychologique voisin, et il serait difficile de les distinguer par un mot précis. Si le poète Rimbaud découvre une correspondance entre le son de la lettre *i* et « la pourpre du sang craché, » Baudelaire, dont les symbolistes se réclament, affirme des correspondances analogues : « Il est des parfums frais comme des chairs d'enfant, — doux comme les hautbois, verts comme les prairies. » Même effort, semble-t-il, pour rapprocher en une seule sensation des choses qui semblent disparates à nos esprits grossiers. Et cependant, on perçoit d'une manière confuse que, dans les deux cas, la poétique n'est pas la même, et on hésiterait à dire que Baudelaire a éprouvé les impressions de l'audition colorée. Ce qui frappe dans ce dernier état, c'est que l'association est, en dernière analyse, inexplicable, et qu'elle est cependant d'une précision extrême, inexorable. « I est rouge, » nous en revenons toujours là, car cette phrase renferme toute l'audition colorée. Rien de plus clair que l'affirmation, rien de plus obscur que la chose affirmée. Dans les vers de Baudelaire, ces caractères paraissent manquer ; la comparaison est plus vague, les images évoquées sont plus flottantes ; et il semble que la correspondance que le poète cherche à établir repose sur quelque sentiment commun, qui forme le lien caché des choses.

Théophile Gautier, encore un de ceux qu'on a cités à propos de l'audition colorée, a insisté avec raison sur ce sens des correspondances, qu'il croit nécessaire au poète. Lui-même nous a laissé quelques belles descriptions qui appuient sa théorie, car les sons s'y mélangent aux couleurs de la manière la plus fantastique. Décrivant les perceptions désordonnées que produit le haschich, il arrive par degrés au moment où l'enivré perd la conscience, non-seulement de ce qui l'entoure, mais encore de sa personnalité. Un des assistants s'était mis au piano et jouait du Weber. Citons seulement une ou deux phrases : « Les notes vibraient avec tant de puissance, dit-il, qu'elles m'entraient dans la poitrine comme des flèches lumineuses ; bientôt l'air joué me parut sortir de moi-même ; mes doigts s'agitaient sur un clavier absent ; les sons en jaillissaient bleus et rouges… » Voilà bien les sons revêtus de couleur, tels qu'ils se présentent dans l'audition colorée ; et cependant, nous éprouverons encore, malgré cette similitude, les mêmes doutes d'interprétation que pour les vers de Baudelaire. Ce qu'on éprouve en lisant avec attention la prose de Théophile Gautier, c'est une impression éblouissante ; je ne dis pas qu'on comprend nettement la transformation du son en couleur, mais on saisit quelque chose, et l'effet produit est certainement de nature artistique.

N'oublions pas un artiste de rare valeur, M. Huysmans, qui, dans un de ses romans, A rebours, a décrit avec une virtuosité remarquable des associations entre sensations disparates. Ces descriptions ont été, elles aussi, considérées comme représentant un état d'esprit comparable à l'audition colorée, avec cette différence que la couleur serait remplacée par des impressions de goût ; ce serait une sorte de gustation auditive. La description est assez longue ; nous n'en citerons que quelques passages. Le héros de l'auteur, Jean des Esseintes, se plaît à écouter le goût de la musique. « Chaque liqueur correspondait, selon lui, comme goût, au son d'un instrument. Le curaçao sec, par exemple, à la clarinette, dont le chant est aigrelet et velouté ; le kummel au hautbois, dont le timbre sonore nasille ; le kirsch sonne furieusement de la trompette ; le gin et le whisky emportent le palais avec leurs stridents éclats de piston et de trombone… » Chaque saveur, on le voit, présente une association précise. Il y a aussi des accords : « Il pensait aussi que l'assimilation pouvait s'étendre, que des quatuors d'instruments à cordes pouvaient fonctionner sous la voûte palatine, avec le violon représentant la vieille eau-de-vie fumeuse et fine, aiguë et frêle ; avec l'alto simulé par un rhum plus robuste, plus ronflant, plus sourd, avec le vespétro déchirant et prolongé, mélancolique et caressant, comme le violoncelle ; avec la contre-basse corsée, solide et noire comme un pur et vieux bitter. » Puis, les mélodies : « Il était parvenu, grâce à d'érudites expériences, à se jouer sur la langue de silencieuses mélodies, de muettes marches funèbres à grand spectacle, à entendre dans sa bouche des soli de menthe, des duos de vespétro et de rhum. » Puis, des morceaux de musique : « Il composait lui-même des mélodies, exécutant des pastorales avec le bénin cassis, qui lui faisait roulader dans la gorge des chants emperlés de rossignol ; avec le tendre cacao-chouva, qui fredonnait de sirupeuses bergerades, telles que « les romances d'Estelle » et les « Ah ! vous dirai-je maman, » du temps jadis. »

Toutes ces désignations sont très nettes, très précises, et au fond, peu claires ; on admire surtout la facture, mais on ne comprend guère ces comparaisons, et si la description se prolongeait, on fermerait le livre. L'auteur s'est plu à peindre un moment la bizarrerie d'un détraqué, il n'a point cherché une nouvelle forme de l'expression artistique. Dernière citation : un vers de Banville :

Et j'ai trouvé des mots vermeils

Pour prendre la couleur des roses.

Ici, décidément, nous abordons une terre connue ; « un mot vermeil, » c'est une image, une figure de langage, une métaphore poétique, tout ce que l'on voudra, tout, excepté de l'audition colorée. Nous arrivons donc, au terme de cette série de tâtonnements, à saisir des formes de pensée qui sont connues de tous ; et il est curieux de voir que l'état mental de l'audition colorée, si bizarre malgré toutes les explications qu'on peut en donner, a une parenté lointaine avec une des plus vieilles expressions du langage, avec la métaphore.

Ce dernier mot mérite d'être retenu, et notre courte incursion dans le domaine de la littérature, en ajoutant quelques traits nouveaux à la définition de l'audition colorée, permet de mieux comprendre cet état mental ; quel que soit le point de vue auquel on se place pour le définir, on aboutit à la même conclusion.

Au point de vue littéraire, l'audition colorée apparaît comme une déformation de la métaphore ; la métaphore est un rapprochement intelligent de choses différentes, rapprochement fondé sur une raison quelconque, au moins sur une identité de sentiment ou sur une coïncidence fréquente et naturelle ; dans l'alphabet coloré, le rapprochement est absolument dépourvu de sens.

Au point de vue psychologique, l'audition colorée est une déviation, si légère qu'on la suppose, de la marche normale de la pensée ; notre pensée a une tendance à reproduire l'ordre réel des choses extérieures comme dans nos souvenirs, ou à découvrir un ordre logique, comme dans nos raisonnements, ou même à édifier un ordre fictif, mais toujours possible, comme dans nos actes d'imagination ; quand une personne associe des sons aux couleurs, elle subit des liaisons d'idées qui n'ont aucun des caractères précédents et qui ont la force, la permanence, la ténacité d'une obsession. Enfin, si nous nous plaçons au point de vue social pour juger ce phénomène, c'est-à-dire si nous recherchons quelle est la catégorie de personnes qui en est tributaire, nous constatons, avec les auteurs, que la petite élite qui présente de l'audition colorée est composée en majeure partie de personnes instruites, d'artistes, de gens de lettres ; la faculté de colorer des sons est plus fréquente chez les intelligences affinées par la culture que parmi les natures robustes et épaisses. Le paysan qui sème le blé de la moisson ne connaît pas ces subtilités de la pensée.

ISBN : 978-1721185535

www.ingramcontent.com/pod-product-compliance
Lightning Source LLC
Chambersburg PA
CBHW070930220526
45468CB00005B/1722